Muhammed Baba
Abdussamad Sani Hamisu

# Molibdénio para as leguminosas vegetais, estudo de caso sobre Centrosema pubescenc

Muhammed Baba
Abdussamad Sani Hamisu

# Molibdénio para as leguminosas vegetais, estudo de caso sobre Centrosema pubescenc

## Influência do molibdénio na produção de matéria seca e nas caraterísticas morfológicas de Centrosema pubescens

ScienciaScripts

**Imprint**
Any brand names and product names mentioned in this book are subject to trademark, brand or patent protection and are trademarks or registered trademarks of their respective holders. The use of brand names, product names, common names, trade names, product descriptions etc. even without a particular marking in this work is in no way to be construed to mean that such names may be regarded as unrestricted in respect of trademark and brand protection legislation and could thus be used by anyone.

Cover image: www.ingimage.com

This book is a translation from the original published under ISBN 978-620-8-06430-3.

Publisher:
Sciencia Scripts
is a trademark of
Dodo Books Indian Ocean Ltd. and OmniScriptum S.R.L publishing group

120 High Road, East Finchley, London, N2 9ED, United Kingdom
Str. Armeneasca 28/1, office 1, Chisinau MD-2012, Republic of Moldova, Europe
Printed at: see last page
**ISBN: 978-620-8-13189-0**

# DEDICAÇÃO

*Dedico este projeto a toda a minha família, Alh. Sani Hamisu Sani, Haj. Habiba Abdulkadir Isma'il, Zainab Sani Hamisu, Maimuna Sani Hamisu, Hamisu Sani Hamisu, Zahra'u Sani Hamisu, Amina Sani Hamisu, Ruqayya Sani Hamisu, Khadija Sani Hamisu e à minha alma gémea Sumayya Usman Magaji.*

# RECONHECIMENTO

*Gostaria de expressar os meus agradecimentos especiais a Alá (SWT), todos os louvores são devidos a Alá, o Altíssimo, o Misericordioso, que me deu o privilégio, a saúde, a capacidade, o intelecto e talvez a capacidade de escrever este projeto de investigação. Além disso, com a máxima humildade, submeto-me a Ele, o Altíssimo, o Compulsor, o Misericordioso e o Compassivo, cuja orientação e assistência divinas não quantificáveis tornaram possível a realização deste projeto. Peço-lhe que derrame a sua bênção e saudação sobre o seu nobre profeta Maomé (S.A.W), a sua família, os seus companheiros e todos os que seguiram o seu caminho até ao dia da ressurreição.*

*Gostaria de agradecer a contribuição do meu amável supervisor, o Professor Mohammed Baba, que está sempre feliz e disposto a orientar-me e a ajudar-me ao longo do curso deste projeto de investigação, tendo apoiado e orientado imensamente e pacientemente o curso do trabalho.*

*Quero também agradecer a todos os meus professores do Departamento que me dotaram de conhecimentos que espero que me tornem mais brilhante em toda a minha vida futura; estes incluem o meu H.O.D Dr. S.K Inusa, Dr. Y. Garba, Dr. F. B.B Faruk, Prof. A. M Abdussamad, e o meu coordenador de nível Dr. Z. A. Abdullahi, para mencionar apenas alguns, e o Registrador da Universidade M. Jamilu Salim, que a sua alma gentil descanse em Jannatul firdaus amen.*

*Também não esqueço os meus professores da escola primária e secundária, nomeadamente: M. Muhammad Habib, M. Auwalu Sulaiman, M. Abdullahi Hassan, Dr. Ahmad Sa'id Abubakar, Dr.*

*Surakat Hamid Eshiola, M. Akibu Hamisu, M. Kabiru Abdullahi, Habib Aminu Lawan, Mubarak Ibrahim Lawan e Dr. Tasi'u Magaji, e os meus tios Alh. Salisu Hamisu Sani, Alh. Umar Hamisu Sani, Alh. Salisu Abdulkadir Isma'il, Sheik Ahmad Tijjani Abdulkadir Isma'il e Mustapha Hamisu Sani.*

*E também os meus colegas, amigos do peito e felicidades Umar Sani Abdullahi esq, Nafi'u Ishaq Salis, Adamu Salihu Hassan, Umar Ghali Idris (Magoga) Abubakar Ibrahim Ali (Saddi), Usman Abdullahi, Shamsu Abubakar (Obey), Abubakr Isha Musa, Umar Ibrahim Nakanti, Huzaifa Zubairu, Ibrahim Garba (Khalil), Bilal Mukhtar, Mahmoud L Bako, Bashir Salisu (Serious), Abubakar Junaidu, Abba Abdulhadi, Badamasi Usman, Musa Ali Haladu, ZailaniYahya Umar, Saifullahi Yahya, Abubakar Bala, Abdurrahman Musa Gwadabe, Ibrahim Sabo Yusuf, Sabi'u Zubairu e todos os que vos apreciam e agradecem.*

## ÍNDICE DE CONTEÚDOS

# RESUMO

*A experiência foi realizada na Screen House do Centro de Agricultura de Terras Secas da Faculdade de Agricultura da Universidade Bayero de Kano. O projeto experimental é um projeto completamente aleatório que inclui níveis variáveis de molibdénio (0, 2,5, 5,0, 7,5 e 10%). As sementes de Centrosema pubescens obtidas do National Animal Production Research Institute (NAPRI) foram semeadas em baldes de plástico contendo uma mistura de solo/areia na proporção de 3:1. Os baldes tinham as dimensões de (26,5 cm de comprimento, 2,6 cm de largura e 20,4 cm de largura). Os fertilizantes macro (fósforo) e vestigiais (molibdénio) foram aplicados à taxa de 50 kg/ha e às taxas designadas, respetivamente, na sementeira. As plantas foram cultivadas sob irrigação e colhidas às 7 semanas após a sementeira. Os resultados da experiência indicaram que o valor da produção de matéria seca do controlo (14,5 t/ha) foi significativamente maior (p<0,05) do que o dos outros tratamentos. Os valores diminuíram com o aumento da taxa de aplicação de molibdénio. Aparentemente, a aplicação de molibdénio não melhorou o rendimento em matéria seca de Centrosema pubescens. Talvez Centrosema pubescens precisasse da estirpe certa de rizóbio para nodular eficazmente e fixar azoto no solo e, por extensão, melhorar a produtividade. As caraterísticas morfológicas, como a área foliar, a relação folha/caule, o número de nódulos e a altura da planta, não mostraram qualquer tendência definida e não foram significativamente diferentes, independentemente dos níveis de* *molibdénio. Com base neste resultado, pode concluir-se que o molibdénio não influenciou significativamente o rendimento em matéria seca e as caraterísticas morfológicas do centrosema. Embora o número de nódulos pareça ter aumentado um pouco, a diferença não foi significativa. Foi recomendado que outros estudos explorem a possibilidade de utilizar rizóbios adequados para Centrosemapubescens.*

# CAPÍTULO I
# INTRODUÇÃO

## Antecedentes do estudo

As pastagens representam a fonte mais económica de alimentação dos ruminantes e sustentam a maior parte dos sistemas de produção animal em todo o mundo (Bakrie, etal.,1996). Como a maioria dos ruminantes, com exceção das vacas leiteiras alimentadas intensivamente, obtém a maior parte dos seus nutrientes das pastagens, o animal em pastoreio é fundamental para todo o sistema de produção animal (Bakrie, etal., 1996). As gramíneas e leguminosas de pastagem, tanto nativas como cultivadas, são a fonte de alimentação mais importante para os ruminantes, como o gado bovino, equino, ovino e caprino (enciclopédia Britannica). A produção animal ocupa um lugar importante nas actividades económicas e sociais dos nigerianos. As pastagens são um recurso importante para a produção animal. O seu estabelecimento e melhoria têm sido recomendados para um melhor desempenho dos animais ruminantes na produção de leite, carne, couro e pele e outros animais "como coelhos, porcos, etc." para os seus produtos "carne, pele, porco e banha" (Lamidi et al., 2017). Com uma boa referência à República do Quirguistão, onde quase todos os animais são criados em pastagens durante todo o ano, exceto o gado que é mantido em celeiros durante todo o inverno. Nas regiões tropicais, como indicaram Fitzpatrick e Nix (1970), a temperatura e a luz geralmente não limitam a produção vegetal. No entanto, a humidade efectiva do solo, numa região onde a evaporação potencial excede a precipitação todos os dias do ano, é o fator dominante que determina a taxa de crescimento das pastagens e o período do ano durante o qual se estende o crescimento dos alimentos verdes. Como indicado por Burt et al., (1983), sem o desenvolvimento de pastagens não haveria uma indústria de gado viável nos trópicos. No entanto, na Nigéria, os défices de alimentação e a baixa qualidade dos alimentos disponíveis, particularmente durante a estação seca de 5-7 meses, são os principais constrangimentos para uma produção óptima de gado nas pastagens da savana (Omokanye, 2001). O maior constrangimento à produção animal nos trópicos é a deficiência de fornecimento de alimentos durante todo o ano, em quantidade e qualidade, em particular durante a estação seca, e uma das estratégias para ultrapassar este problema é introduzir pastagens melhoradas baseadas em leguminosas que estão bem adaptadas às condições edáficas e climáticas prevalecentes nos trópicos (Maeno, 1982). Estas pastagens nem sempre estão disponíveis, especialmente na parte seca do norte da Nigéria. A disponibilidade de pasto é maior durante a estação das chuvas, que se esgota durante a estação seca, com os consequentes efeitos na produção animal, tais como crescimento reduzido, ingestão de alimentos e produção de produtos animais, bem como reprodução. A maior parte das gramíneas das pastagens seca durante a estação seca, com valores muito baixos de P.C., o que prejudica a ingestão e a produção animal. No mínimo, os níveis de proteína bruta da dieta devem ser mantidos a um nível superior a 7%, caso contrário a digestão da forragem diminui (Peterson etal., 1996, Leng, 1990). É preciso ter em conta que 7% de proteína bruta é o mínimo necessário para sustentar os micróbios do rúmen; as necessidades da vaca podem ser mais elevadas (NRC, 2000). Ao alimentar os animais, o objetivo é alimentar primeiro os micróbios do rúmen e depois o animal. Deve ser mantido um nível de proteína bruta na dieta de 7% ou mais para alimentar os micróbios ou a digestão da forragem diminuirá (Adele e Olson, 2020). Uma das formas de reduzir os impactos da estação seca na produção animal é através da incorporação de leguminosas como Centrosema pubescens na criação de pastagens. A utilização de leguminosas de pastagem tem sido defendida para melhorar alguns destes constrangimentos, uma vez que leguminosas adaptadas e de elevado rendimento (como cultura única ou em mistura com gramíneas) são uma forma de obter forragem de boa qualidade durante todo o ano (Omokanye, 2001). A Centrosema pubescens foi introduzida na Nigéria na década de 1950 (Omokanye, 2001). Surgiu como uma das melhores leguminosas para as zonas de savana e floresta derivadas, após uma seleção inicial em Ibadan "no oeste da Nigéria" e Shika "no norte da Nigéria" (Omokanye, 2001). Por isso, foi recomendada para pastagem semeada, bem como para a melhoria e/ou reabilitação de pastagens (Agishi, 1983). O Centro é uma leguminosa vigorosa, resistente à seca e produtiva, que produz uma boa quantidade de sementes que podem ser facilmente colhidas (Horrell, 1963). Tanto o rendimento de matéria seca como o de proteínas aumentaram quando Centro foi incluído em misturas de pastagens (Horrell e Newhouse, 1965), o que está de acordo com as conclusões de trabalhadores noutras partes do mundo (Fernando, 1961; McIlroy 1962; Moore, 1962). A contribuição do Centro para a produção animal tem-se revelado maior durante a estação seca porque continua a produzir um crescimento nutritivo e é geralmente mais aceitável para o gado nesta altura (Stobbs, 1966; Stobbs e Joblin, 1966). Proporciona bons ganhos de peso vivo aos animais e melhora o rendimento das culturas subsequentes quando utilizada numa rotação de culturas (Omokanye, 2001). Tinha melhor cobertura do solo do que 12 outras espécies na Nigéria húmida, onde a sua utilidade como adubo verde de leguminosas forrageiras foi documentada (Muhr 1998; Muhr etal., 1999). Foram registados aumentos substanciais de azoto no solo em pastagens que continham Centro, em comparação com amostras de pastagens de erva pura (Watson, 1957; Moore 1962; Bruce 1965; Whitney et al., 1967), embora Wilson e Lansbury (1958), Grof (1965) e Horrell e Newhouse (1965) tenham sublinhado a necessidade de assegurar condições adequadas de nutrientes no solo para que a leguminosa funcione eficazmente. Os oligoelementos como o molibdénio desempenham um papel vital no crescimento e na capacidade de fixação do azoto das leguminosas. O molibdénio é um micronutriente importante para as plantas. As plantas recolhem o molibdénio (como molibdato) do solo e apenas pequenas quantidades (0,1 a 10 ppm) são necessárias para satisfazer as suas necessidades alimentares. É essencial para a produção de duas enzimas importantes nas plantas - a nitrogenase e a redutase do nitrato - que permitem a fixação do azoto do ar ou do solo. Os solos ácidos impedem a absorção de molibdato, mesmo que existam quantidades suficientes no solo (IMOA 2014). Do mesmo modo, o fósforo é um elemento essencial para todos os organismos vivos. Como componente de cada célula viva, o P é indispensável porque nenhum outro elemento o pode substituir no seu papel vital em muitos processos fisiológicos e bioquímicos. Consequentemente, a produção de culturas para alimentação humana, animal, combustível e fibras exige um fornecimento adequado de P no solo. Dos nutrientes vegetais exigidos pelas culturas em grandes quantidades, o P é o mais preocupante devido à taxa de exploração deste recurso não renovável para satisfazer a procura atual. O fósforo é um elemento comum, ocupando o 11º lugar em ordem de abundância na crosta terrestre. No entanto, a concentração em muitas rochas é geralmente muito pequena (FAO, 2008). O objetivo do estudo é, portanto, determinar o efeito do molibdénio no rendimento em matéria seca e nas caraterísticas morfológicas de Centrosema pubescens.

**Declaração do problema**

Na maior parte dos mundos tropicais, a fertilidade do solo, a conservação da humidade e uma alimentação suficiente e nutritiva contam-se entre os factores mais limitantes da produção agrícola e da criação de gado, respetivamente. O impacto da estação seca na produção animal no norte da Nigéria, ocasionado pela indisponibilidade de pasto, é melhor imaginado do que experimentado, tendo em conta os seus efeitos no crescimento, na ingestão de alimentos, na produção de produtos animais e na reprodução. Isto traduz-se em perdas de rendimento para os agricultores. O aporte de nutrientes ao solo cultivado pelos pequenos agricultores é essencial para melhorar a produção agrícola em África (Africa Fertilizer Summit, 2006). O uso de fertilizantes é indispensável para aliviar os constrangimentos de nutrientes, e é central nas práticas de Gestão Integrada da Fertilidade do Solo (ISFM) para melhorar a produção de culturas (Sanginga e Woomer, 2009). No entanto, o elevado custo dos fertilizantes também desencoraja os agricultores de cultivar alimentos para animais, tais como gramíneas e leguminosas de pastagem, o que na maioria dos casos leva a uma sub-alimentação com consequências para os animais.

**Justificação**

A incorporação de leguminosas nos sistemas de cultivo proporciona benefícios adicionais para além da entrada de N, particularmente em termos de controlo de pragas e doenças. Um exemplo importante é o papel essencial das leguminosas na gestão da strigagem (AATF 2006). A Striga é uma erva daninha parasita que colonizou atualmente mais de 22 milhões de hectares de terras agrícolas, causando graves reduções na produção de cereais. As leguminosas não são geralmente hospedeiras adequadas, mas são capazes de induzir a germinação suicida, fazendo com que as sementes de striga quebrem a dormência e pereçam. A médio e longo prazo, este facto resulta na redução dos bancos de sementes de striga. A tolerância do centro a certos herbicidas foi determinada, o que pode ajudar no controlo de ervas daninhas (t'Mannetje e Jones, 1992). O papel das leguminosas na melhoria da fertilidade do solo e no aumento do rendimento das pastagens pode ser melhor apreciado se as leguminosas forem tratadas com os fertilizantes e oligoelementos corretos, como o fósforo e o molibdénio, respetivamente. Assim, a investigação prevê que a capacidade de fixação de azoto da leguminosa centrosema será reforçada através da utilização dos fertilizantes acima referidos, o que poderá traduzir-se numa maior produtividade e valor nutritivo da leguminosa de pastagem resultante.

## Objetivo do estudo

O objetivo desta investigação é determinar a influência do molibdénio no rendimento de matéria seca e nas caraterísticas morfológicas de Centrosemapubescens.

# CAPÍTULO II
# REVISÃO DA LITERATURA

## Origem e distribuição

É uma leguminosa da família fabaceae, subfamília faboideae e tribo Phaseolae. De acordo com Skerman etal (1988), Centrosema é uma erva perene vigorosa, rastejante, ramosa e trepadora, com folhas trifoliadas e bastante tolerante à seca. Centrosema é um género que, durante os últimos anos, tem atraído um interesse particular por parte de cientistas de pastagens tropicais. O nome comum é ervilha-de-borboleta centroor. O nome centrosema foi utilizado pela primeira vez num sentido genérico por Bentham (1837). O nome Centrosema é um nomen conservandum ao abrigo do Código Internacional de Nomenclatura Botânica (Voss et al., 1983).
Por conseguinte, é conservado contra argumentos de ilegitimidade e contra Steganotropis (que é um nome anterior). A distribuição de Centrosemapubescensas, uma espécie comum, estende-se desde perto do Trópico de Câncer em Cuba, através da faixa tropical, até ao Trópico de Capricórnio. É particularmente frequente no Norte da América do Sul, na América Central e nas Caraíbas.

## Hábito de crescimento e caraterísticas morfológicas

Centro, como é uma erva perene, pode atingir uma altura de 45cm (17.5in). O sistema radicular pode atingir até 30 cm de profundidade, em associação com Rhizobium, bactérias fixadoras de azoto. Os caules crescem e ramificam-se rapidamente, produzindo uma massa densa de ramos e folhas no solo. Os caules não se tornam lenhosos até cerca de 18 meses após a plantação. As folhas são trifoliadas; com folíolos elípticos de aproximadamente 4cm x 3,5 (1,6in x 1,4in), verde-escuro e glabro acima, mas esbranquiçado e densamente tomentoso abaixo. As flores são geralmente violetas claras com nervuras violetas mais escuras. O fruto é uma vagem achatada, comprida, castanha escura, com 7,5-15 cm de comprimento, contendo até 20 sementes. As sementes são esféricas, com cerca de 4 mm de diâmetro, castanhas escuras quando maduras.

## Exigências climáticas, edáficas e de fertilização

A amplitude altitudinal é de 10 a 1600m. Centrosemapubescens é geralmente uma espécie de alta pluviosidade, embora uma série de acessos, particularmente do nordeste do Brasil, Colômbia, Venezuela e México, tenham sido coletados em ambientes secos com pluviosidade anual tão baixa quanto 500mm.

A precipitação anual preferida para o centro é de 1500 mm ou mais, mas o centropersiste em zonas de menor precipitação em África (800-1500 mm). Tem alguma capacidade para tolerar o alagamento e sobreviverá a uma estação seca de 3-4 meses, mas não está adaptada a secas prolongadas. É intolerante a baixas temperaturas, crescendo muito mal quando as temperaturas nocturnas descem abaixo dos 150C. As geadas de -30C causam uma morte substancial das folhas, mas as plantas podem sobreviver se os pontos de crescimento perto do solo estiverem protegidos, pelo que o centrois é uma planta das regiões tropicais, não bem adaptada às regiões subtropicais.

São preferíveis os solos de fertilidade moderada. Pode obter-se um crescimento aceitável em solos relativamente ácidos e inférteis com a aplicação regular de fertilizantes e mesmo em alguns solos arenosos muito leves, se a precipitação e os fertilizantes forem adequados. A gama de pH aceitável é de 4,5 (onde o alumínio extraível do solo é inferior a 0,2 miliquivalentes por 100g de solo) a 8,0, mas a nodulação é fraca nos extremos da gama e o pH ótimo é de cerca de 5,5-6,0. Como as respostas aos fertilizantes aplicados dependem do estado nutricional do solo, não vale a pena enumerar os requisitos para um determinado local. No entanto, podem ser feitas algumas generalizações. As respostas ao fósforo são as mais frequentemente obtidas. Considera-se geralmente que o Centro requer níveis mais elevados de fosfato disponível no solo do que o stylo (Stylosenthes guianensis) para um crescimento máximo. A absorção de fósforo é grandemente aumentada pelo desenvolvimento de raízes micorrízicas (Mosse et al., 1973, 1976). Centro também responde normalmente a aplicações de enxofre e cálcio, e ao oligoelemento molibdénio. Menos frequentemente, obtêm-se respostas ao potássio e a oligoelementos como o zinco, o cobre e o boro. São frequentes os relatos dos efeitos benéficos da calagem, que podem ser devidos à correção da deficiência de cálcio ou, mais correntemente, a um aumento do pH do solo que conduz a uma maior disponibilidade de molibdénio e a uma redução dos efeitos tóxicos do alumínio e, possivelmente, do manganês. Os sintomas de carência de nutrientes minerais foram descritos por Shorrocks (1964) e por Souto e Franco (1972).

Nas plantações de seringueiras, as recomendações típicas de fertilizantes são 50 kg de fosfato de rocha por hectare a cada 3-4 meses durante 12-18 meses, seguidos de 100-200 kg por hectare todos os anos enquanto a cultura de cobertura persistir (Anon, 1954, 1958). Nas pastagens australianas, o superfosfato é geralmente recomendado a taxas equivalentes a 100-200 kg por hectare por ano, com fertilizantes adicionais e oligoelementos para se adequar a cada tipo de solo (Teitzel et al., 1978). Noutros locais, as pastagens experimentais têm sido frequentemente fertilizadas com superfosfato a taxas de 0-250 kg por hectare e por ano.

## Pragas e doenças

A Centrosema pubescens tem estado relativamente livre das principais doenças e pragas. Foram registadas algumas doenças virais e bacterianas; de vez em quando há infestações sazonais de pragas agrícolas. Centrosemaspps. é atacada por uma variedade de fungos, vírus e nemátodos, uma bactéria e um micoplasma. As pragas potenciais de artrópodes incluem insectos comedores de folhas, principalmente Chrycomelidae, outros Coleoptera e besouros joaninhas, Epilacnaindica. Outras pragas são tripes, pulgões, cigarrinhas, escaravelhos das folhas, lagartas, brocas das vagens, rolos de folhas, moscas e ácaros. A importância relativa de cada doença e praga varia consoante as espécies de Centrosema e os locais. Outras doenças são de importância secundária ou específicas do local; mancha foliar de pseudocercospora, bacteriose e vírus centrosemamosaic (CeMV). As doenças e as pragas de insectos têm sido registadas em centrosemaspp., especialmente em C.pubescens, desde o início do século XX, mas tem faltado investigação para avaliar a sua importância. Foram registadas em centrosemas doenças causadas por 38 géneros de fungos, um género de bactéria, um micoplasma, 13 vírus e 6 géneros de nemátodos.

**Resistência ao pastoreio do centrosema**

A pressão do pastoreio está correlacionada com a taxa de encabeçamento numa proporção maior. Os efeitos do fator de densidade nas tendências da composição botânica das pastagens tropicais foram descritos por Roberts (1980). Por exemplo, em associações sujeitas a pressões de pastoreio elevadas, as espécies menos capazes de resistir à desfoliação, ou que recuperam lentamente após o pastoreio, acabarão por ser eliminadas. Se as espécies restantes tiverem um valor alimentar inferior ou forem menos aceitáveis para os bovinos do que as que substituem, o ganho de peso vivo por cabeça a uma taxa de encabeçamento elevada diminuirá até estabilizar ao nível de produção dos restantes componentes. Um pastoreio demasiado intenso ou demasiado precoce pode reduzir a vida produtiva das pastagens que contêm C. pubescens (Teitzel e Burt, 1976). Esta leguminosa, com um vigor de estabelecimento relativamente fraco e uma elevada aceitabilidade animal, é especialmente vulnerável a um pastoreio pesado e seletivo. Recomenda-se um pastoreio ligeiro, curto e intermitente durante o período de estabelecimento. E é aplicável a outras espécies do género. Após o ano de estabelecimento, a proporção de pastagens mistas de C. pubescensin é reduzida por altas taxas de lotação ou pressão de pastoreio. No Brasil, Lourenço et al. (1981) submeteram uma mistura de Panicum maximum e C. pubescens a uma gama de taxas de lotação que variaram de 2,0 a 3,6 animais/ha no verão e de 1,3 a 2,4 animais/ha no inverno. No

Equador, uma pastagem contendo duas gramíneas e duas leguminosas, incluindo C. pubescens, foi pastoreada com doses de forragem que variaram de 1,6 a 8,3 kg de matéria seca oferecida por dia para cada 100 kg de peso corporal (Santillan, 1983). Embora o rendimento e o teor das leguminosas fossem menos sensíveis a baixas doses de forragem do que a outros factores, como a duração do período de descanso, foram recomendadas doses moderadas de forragem, como 5,0 kg de matéria seca por dia por cada 100 kg de peso corporal. No ensaio, realizado durante um período de dois anos, não foi feita qualquer tentativa de separar as duas espécies de leguminosas e os efeitos específicos sobre a C. pubescens não foram descritos. Registaram-se diferenças entre as introduções de C. macrocarpum, tendo o acesso CIAT 5434 persistido melhor do que o CIAT 5065 após 2 anos de pastoreio. Nas regiões subtropicais húmidas da Austrália, um bom teor de leguminosas nas pastagens de C. virginianum-Setariasphacelata foi mantido a uma taxa de encabeçamento de 1,5 animais/ha (Jones e Clements, 1987). Não é possível fazer recomendações rígidas e rápidas para a taxa de encabeçamento ou pressão de pastoreio ideal para centrosema como um todo, porque varia com a espécie, o acesso, a erva companheira e a localização.

## Influência do fósforo no crescimento e na nodulação das leguminosas

A nutrição de Centrosemapubescens(Centro) tem sido bem estudada, e só recentemente foram efectuados estudos com outras espécies. Nas zonas onde as espécies de Centrosema estão adaptadas, as respostas mais comuns aos corretivos do solo e aos fertilizantes são as associadas à acidez do solo (pH baixo; deficiências de Ca, Mg e Mo; e toxicidades de Al e Mn) e ao P, S, K e aos micronutrientes Cu e Zn. O fósforo é um elemento essencial para todos os organismos vivos. Como componente de todas as células vivas, o P é indispensável porque nenhum outro elemento o pode substituir no seu papel vital em muitos processos fisiológicos e bioquímicos. A utilização eficiente do fósforo (P) nos fertilizantes é importante por três razões principais. Em primeiro lugar, a rocha fosfática, a partir da qual os fertilizantes P são fabricados, é um recurso finito e não renovável, pelo que deve ser utilizada de forma eficiente para maximizar o seu tempo de vida. Em segundo lugar, é necessário manter e melhorar o estado de P de muitos solos para o crescimento de culturas destinadas a alimentos, fibras e bioenergia. Isto é particularmente importante nos países menos desenvolvidos (PMD) que precisam de aumentar a produção alimentar e melhorar os meios de subsistência rurais. Em terceiro lugar, a transferência de P do solo (derivado de fertilizantes e adubos orgânicos) é uma das principais causas da eutrofização induzida pelo P nas águas de superfície. Uma das limitações mais comuns em solos tropicais para Centrosema é a deficiência de P. Hayat et al. (2008) observaram 26% e 30% mais nódulos na cultura da grama verde

(Vigna radiata L) e da grama preta (Vigna mungo L), respetivamente, devido à fertilização com P em relação ao feijão não fertilizado.

Foram obtidos aumentos de rendimento, em estudos de campo e em vasos numa variedade de solos, com aplicações de 20 a 100 kg de P/ha (CIAT, 1985 e 1986; Javier e Marasigan, 1976; Kretschmer e Snyder, Snyder etal.,1978; Teitzel e Bruce, 1972; Werner e de Mattos, 1972).

A quantidade de P necessária para corrigir uma deficiência varia com as caraterísticas de absorção de P do solo. Embora as plantas absorvam P de um conjunto comum de P do solo (Smith, 1983), existem diferenças entre as espécies na sua capacidade de extrair este fósforo e de o utilizar. Em cultura de solução fluida, o requisito externo para o crescimento de C.pubescens foi de 3,0 mM de P comparado com 0,7 mM para S. humilis e 0,24 mM para S. guianensis (Chantkam etal., 1983). A necessidade diminuiu com a idade; a taxa máxima de crescimento relativo de C. pubescensat 6-8 semanas ocorreu na concentração mínima utilizada: 0,6 mM. O poder de absorção das raízes, ou seja, a razão entre a taxa de absorção de nutrientes e a concentração externa, de C.pubescens foi metade do de S.humilis. No entanto, a MS produzida por unidade de P absorvido foi maior para C.pubescens do que para as duas Stylosanthesspp. Também foi observado um efeito semelhante na fixação de N2, onde C.pubescens e Desmodiumheterophylum deram um maior rendimento de N por unidade de P absorvido do que Pueraria phaseoloides ou S guianensis para concentração de P abaixo do nível crítico (Kerridge e Ratcliff, 1982).

As necessidades externas de P no solo foram estimadas através da observação da resposta da produção a diferentes concentrações de P no solo, estabelecidas com base em medições da absorção de P. As estimativas obtidas em diferentes experiências foram de 1,5 mM para C. pubescens, 1,2 mM para S.guianensis (Moody e Standley, 1980) e 2,6 mM para D. inortum (Moody, 1979).

Vários estudos comparativos em solos confirmam que C.pubescens tem um requisito mais elevado do que S.guianensis, P.phaseoloides ou Desmodiumovalifolium (Falade, 1973; Fenster e leon, 1979; Kerridge e Ratcliff, 1982), mas um requisito semelhante a S.humilis (Andrew e Robins, 1969a; wilaipon, 1981).

Foram obtidos dados de resposta ao fósforo para várias espécies de Centrosema. As diferenças entre as espécies no que respeita às necessidades de P estavam relacionadas com o rendimento máximo. A capacidade de resposta (o aumento do rendimento ao P aplicado) e a "eficiência" (o rendimento sem P) permitiram uma maior separação dos acessos. A eficiência aqui utilizada deve ser interpretada com cautela, uma vez que é influenciada pelo tamanho da semente e, presumivelmente, pelo teor de P da semente; assim, os acessos de C schotti, que têm sementes grandes, tiveram rendimentos elevados com P nulo. Além disso, não estão bem adaptados a solos muito ácidos (Schultze-Kraft e Keller-Grein, 1985). Embora houvesse uma grande variedade de capacidade de resposta em C. pubescens, a eficiência era baixa. Os acessos mais eficientes de C. pubescens e C. schotti apresentaram baixa capacidade de resposta.

A absorção de fósforo em Centrosema é grandemente aumentada por micorrizas vesiculares arbusculares em solos deficientes em P (Crush, 1974; Mosse etal., 1973; Saif, 1986). A atividade micorrízica pode aumentar a superfície de absorção e pode diminuir o nível limite necessário para a absorção de P por C. pubescens (Kretschmer e Snyder, Mosse et al., 1973). Isto resulta num aumento da nodulação e da fixação de N2 (CIAT, 1986; Mosse et al., 1976). Kretschmer e Snyder sugerem que são necessárias taxas de P mais elevadas no estabelecimento porque é necessário tempo para que a associação micorrízica se desenvolva. A necessidade interna de P da C.pubescens para a produção de MS é de 0,16% - 0,18% de P nos rebentos jovens (Andrew e Robins, 1969a e 1969b; CIAT, 1982; Jones etal., 1970). Embora a concentração de N continue a aumentar para 0,19%-0,22% P.

## Influência do molibdénio no desenvolvimento de nódulos em leguminosas

O molibdénio é um elemento essencial; é um constituinte da enzima nitrogenase e todas as bactérias que fixam o azoto necessitam de molibdénio durante os processos de fixação. O molibdénio tem um efeito positivo na qualidade do rendimento e na formação de nódulos nas culturas de leguminosas. As funções do molibdênio em plantas leguminosas incluem nodulação de redução de nitrato, fixação de nitrogênio e metabolismo geral (Togay et al, 2008).Vargas e Ramirez (1989) mostraram que o molibdênio aumentou o peso seco dos nódulos em plantas de amendoim e soja sob diferentes níveis de fertilizante de nitrogênio e fósforo. Alam etal., (2015) observaram que a aplicação de Mo aumentou a formação de nódulos nas raízes da ervilhaca peluda (Viciavilosa). A aplicação de Mo no solo aumentou significativamente ($P < 0,05$) o número e o peso dos nódulos nas raízes de ervilhaca peluda. As plantas tratadas com 0,5 mg Mo kg-1 tinham 62,4% mais nódulos do que os controlos, e significativamente mais nódulos ($P \leq 0,05$) do que os grupos de tratamento, exceto 1,0 mg Mo kg-1. Da mesma forma, observou-se um aumento de 53,9% no peso do nódulo após o tratamento com 0,5 mg Mo kg-1, e este peso foi significativamente ($P \leq 0,05$) superior ao do controlo e de outras plantas tratadas com Mo (Alam etal.,2015). Wankhade et al., (1992) acrescentou que o molibdénio a 2-4g/kg de sementes aumenta o número de nódulos de amendoim e o peso seco por planta. Krishnappa etal., (1992) e Noor et al., (1997) indicaram que o número de nódulos e o peso seco do amendoim aumentaram com a aplicação de molibdénio e melhoraram a taxa de fixação de azoto. Hafner etal., (1992) acrescentaram que a disponibilidade de molibdénio nos solos era insuficiente para satisfazer as necessidades de Mo para a fixação de azoto do amendoim e, em menor grau, para uma maior atividade específica da nitrogenase / unidade de peso seco do nódulo. Bhattacharya et al., (1997) e Bhuiyan et al., (2008) mostraram que o molibdénio a 1 - 3 kg/ha deu a formação máxima de nódulos no amendoim e melhorou a fixação de azoto.

Vieira et al., (1998a) apontaram que o molibdénio evitou a senescência dos nódulos, mantendo assim um período mais longo de fixação efectiva de N2. Vieira et al., (1998b) acrescentaram que a aplicação de Mo resultou num aumento das actividades da nitrogenase e da redutase do nitrato. Tripathy etal., (1999ab) indicaram que o Mo melhorou a nodulação no amendoim e aumentou a atividade da nitrogenase. Alves etal., (2003) descobriram que o molibdénio a 400 g/ha aumentava o número de nódulos do feijão-frade, enquanto 200 g Mo/ha aumentava o peso seco dos nódulos durante a primeira colheita. Khanal et al., (2005) afirmaram que o carregamento de molibdato de sódio a 0,05% através de uma solução de priming e a aplicação de molibdénio no solo a 0,5 kg/ha resultaram num aumento de Mo na nodulação do grão-de-bico e do feijão-mungo. Bhagiya et al., (2005) descobriram que o Mo a 1,0 kg/ha aumentou significativamente o peso seco dos nódulos de amendoim em 21% em relação ao controlo. Niranjana etal.,(2005) mostraram que Mo a 2,0g/kg de sementes registou o maior número total de nódulos de amendoim (57,2) e o seu peso seco 100,2 mg/planta, número de nódulos eficazes (27,8) e o seu peso seco (70 mg/planta) em comparação com o controlo. De acordo com Jingli etal., (2006) os resultados mostraram que o Mo promoveu a fixação simbiótica de azoto e a capacidade competitiva do amendoim. Deb et al., (2006) acrescentaram que o Mo a 25 ppm/kg de sementes de amendoim aumentou significativamente o número de nódulos/planta em 46,00 e 50,42 durante 45 e 60 dias após a sementeira, respetivamente. Johansen et al., (2007) descobriram que o Mo aplicado ao solo a 500 g/ha melhorava a nodulação, Bhuiyan etal., (2008) acrescentaram que o Mo aumentava significativamente o número de nódulos por planta no feijão-mungo com 20 kg P/ha e 1,0 kg Mo/ha. Togay etal., (2008) referiram que o molibdénio aumentava o número de nódulos de lentilhas por planta. Bhuiyan et al., (2008) acrescentaram que a aplicação de Mo pode desempenhar um papel vital no aumento da fixação de azoto e proporcionar uma melhor nodulação no feijão-mungo. Nadia e Abd El- Moez (2013) mostram que o molibdénio teve um efeito positivo significativo no número de nódulos radiculares de feijão-frade por planta, no peso fresco e seco dos nódulos com todos os níveis de Mo em comparação com o controlo. O molibdénio a 16 ppm deu os melhores valores de número e peso de nódulos de raiz de feijão-frade. Quando a dose de Mo aumentou mais de 16 ppm, o efeito positivo diminuiu.

Estes resultados estão em harmonia com os obtidos por Deb et al., (2006) que afirmaram que as sementes tratadas com molibdénio a 25 ppm/Kg de amendoim aumentaram significativamente o número de nódulos por planta em 46,00 e 50,42 durante 45 e 60 dias após a sementeira. Bhuiyan et al., (2008) acrescentaram que a aplicação de Mo pode desempenhar um papel vital no aumento da fixação de nitrogénio e proporcionou uma melhor nodulação no feijão-mungo.

Anderson e Spencer (1950) referiram que o molibdénio diminuía o número de nódulos no trevo subterrâneo. O efeito do molibdénio sobre o tamanho dos nódulos foi fortemente influenciado pelo estado de enxofre da planta. Quando o enxofre está presente, proporcionando condições óptimas para a fixação simbiótica do azoto, o molibdénio aumenta consideravelmente o número de nódulos grandes. Isto ocorreu mesmo quando o molibdénio diminuiu o número total de nódulos, indicando que o molibdénio teve um efeito positivo no tamanho dos nódulos (Anderson e Spencer, 1950). O molibdénio é necessário para o crescimento normal das plantas, a redução do fornecimento de molibdénio aos meios de crescimento diminuiu as actividades de reeducação do nitrato e a síntese de glutamina envolvida nos passos iniciais da assimilação do nitrato (Hristozkora etal.,2006).

O molibdénio é um oligoelemento que se encontra no solo e é necessário para o crescimento da maioria dos organismos biológicos, incluindo plantas e animais. A disponibilidade de molibdénio para o crescimento das plantas depende fortemente do pH do solo, da concentração de óxidos absorventes (por exemplo, Fe, óxidos), da extensão da drenagem da água e dos compostos orgânicos presentes nos colóides do solo (Hafner etal.,1992).

Centrosema pubescens é mais suscetível à deficiência de Mo do que S. guianensisouP.phaseoloides.As respostas são generalizadas (De-Polli etal.,1979; Tham e Kerridge, 1982), e muitas vezes ocorrem na presença de calagem (de Oliveira et al., 1985; Tham e Kerridge, 1982; Werner e de Mattos, 1975). A deficiência pode não ser aparente quando os níveis de N disponível no solo são elevados (Teitzel e Bruce, 1972). As respostas a misturas de oligoelementos fritas podem resultar da deficiência de Mo (De-polli etal.,1979; Monteiro etal.,1983).

## Influência do molibdénio na altura das plantas, na área foliar e na relação folha/caule

Schutte (1954) referiu que os solos da África subsariana são pobres em micronutrientes. Numa revisão das investigações sobre micronutrientes na África Ocidental, Kang e Osiname (1972) afirmaram que os problemas de B, Mo e Zn são de maior importância económica do que os de Cu, Fe e Mn. Numa revisão mais recente dos problemas de micronutrientes na África tropical, Kang e Osiname (1985) concluíram que estes problemas são menos comuns na zona húmida do que nas zonas sub-húmidas e semi-áridas. Nas plantas, o molibdénio é necessário para a síntese de proteínas através da metaloenzima, nitrato redutase. Normalmente, o sinal de uma deficiência de molibdénio nas pastagens é um crescimento fraco, apesar da aplicação adequada de outros fertilizantes (Savage 1974). Em casos mais graves, os sintomas de deficiência de azoto são evidentes devido ao papel que o molibdénio desempenha na fixação do azoto e na síntese de proteínas. As leguminosas de pastagem são atrofiadas, com folhas verde-claras ou amarelas. Os caules e os pecíolos podem ser castanho-avermelhados. Em condições de acidez do solo, o centro é mais sensível ao molibdénio do que o pueróbio, que, por sua vez, é mais sensível do que o estilo. Um resultado obtido por (Biswas etal., 2017) mostrou que o Mo teve um efeito positivo significativo na área foliar da soja em três estágios de crescimento, a saber, 45, 60 e 75 dias após a semeadura (DAS). O estudo realizado por Togay et al., (2008) revelou que diferentes aplicações de molibdénio foram consideradas estatisticamente significativas para a altura da planta em Lentilha. No primeiro e segundo anos do estudo, a maior altura de planta foi obtida com aplicações de 6 g/kg de sementes de Mo em lentilhas (Togay et al., 2008). Também Oguz (2004), num estudo relacionado com diferentes aplicações de Mo no grão-de-bico, referiu que a maior altura de planta foi obtida com a aplicação de 6 g/kg de Mo na semente. A maior área foliar foi encontrada com a aplicação de 3 kg Mo ha-1 na soja (Biswas et al, 2017). Em condições de seca, a aplicação de Mo aumentou significativamente a área foliar, mas não houve impacto significativo do molibdénio na altura da planta (Hayyawi et al., 2020). Foi observada uma interação significativa entre os tratamentos Mo e os tratamentos de irrigação em termos do efeito em todos os parâmetros de crescimento testados, entre os quais a altura da planta e a área foliar (Hayyawi etal, 2020).O molibdénio está envolvido nos processos bioquímicos catalisados pela nitrogenase e nitrato redutase, e afecta indiretamente a produção de biomassa das culturas (Ingle, 1966). Nadia e Abd El-Moez (2013) revelaram que o molibdênio teve um efeito promocional significativo em todos os parâmetros de crescimento vegetativo, como altura da planta, número de ramos e folhas por planta, índice de área foliar, comprimento da raiz das plantas de feijão-caupi. Singh et al., (2017b) observaram que o uso da aplicação de B e Mo aumenta a altura da planta da couve-flor. O molibdénio a 16 ppm deu os parâmetros de crescimento mais elevados. O aumento do molibdénio acima de 16 ppm diminuiu o efeito promocional. Os resultados de Nadia e Abd El-Moez (2013) estão em harmonia com os obtidos por Singh etal. (2006), que descobriram que Mo a 10 kg/ha de solo aumentou o crescimento vegetativo da grama preta em comparação com o controlo. Niranjana et al. (2005) que descobriram que o molibdénio a 2,0 g/Kg com sementes registou os parâmetros de crescimento mais elevados e o rendimento de vagens no amendoim em comparação com o controlo.

## Fixação do azoto pelas leguminosas

As leguminosas têm entre os seus potenciais únicos a capacidade de fixação de azoto, cujo sucesso depende em grande parte da sua capacidade de fornecer o seu próprio azoto para o crescimento. A concentração atmosférica de gás azoto é de aproximadamente 80% e, na sua maioria, inutilizável pelos organismos vivos. Todos os organismos vivos, incluindo plantas e microrganismos, precisam de N para a síntese de proteínas, ácido nucleico, aminoácidos e outros elementos necessários à vida (Ohyama, 2010). A deficiência de N no solo provoca a morte de plantas, animais e microrganismos, uma vez que estes não são capazes de utilizar o N atmosférico. Este azoto é disponibilizado através da fixação, ou seja, da redução do azoto atmosférico quando a leguminosa está em simbiose com a sua raiz adequada

-bactérias nodulares das famílias Rhizobium, Bradyrhizobium e outras. A regulação genética destes processos tem sido intensamente investigada e várias abordagens genéticas avançadas e inversas identificaram quase 200 genes necessários para a fixação simbiótica de azoto em leguminosas (Roy etal.,2019).

Descrita como Fixação Biológica de Nitrogénio, a FBN é o processo que transforma N inerte em NH3 biologicamente útil para as plantas. Este processo é mediado na natureza apenas por bactérias. As leguminosas têm uma relação simbiótica mútua com algumas bactérias fixadoras de N no solo, o que pode melhorar os níveis de N na zona radicular das plantas (Ghosh etal., 2007; Peoples etal., 1989; Dhakal etal., 2016). Sabe-se que a formação de nódulos radiculares de leguminosas e as suas actividades subsequentes na fixação de N2 são afectadas por vários factores ambientais do solo, incluindo o fornecimento de fósforo das associações micorrízicas e a especificidade genotípica entre os simbiontes. Num ecossistema natural e num sistema de cultivo, as leguminosas podem fixar N no solo entre 30 e 180 kg/ha (Frankow-Lindberg e Dahlin 2013).

Centrosemaspp. formam simbioses fixadoras de azoto com bactérias de nódulos radiculares do género Bradyrhizobium. No entanto, o número de nódulos formados pelas diferentes estirpes, P, não está correlacionado com a produção de azoto. As quantidades de N2 fixadas nas pastagens de gramíneas associadas foram estimadas em 72-280 kg de N/ha por ano.

Outros factores, como os métodos de inoculação, as toxinas do revestimento das sementes, a humidade do solo e as associações micorrízicas, também foram observados como afectando a fixação de N2 por Centrosema. Muitas cultivares de leguminosas tropicais foram anteriormente consideradas como não necessitando de inoculação porque não tinham especificidade para a formação de nódulos e nodulavam livremente com as estirpes existentes no solo. e.g. C. pubescensnodula eficazmente com estirpes nativas no campo (Broughton etal., 1975; Lopez etal., 1983; Pahwa e Patil, 1983; Tang etal., 1982). No entanto, isto não significa necessariamente que não responderá à inoculação com estirpes mais eficazes ou competitivas.

**Mecanismo de fixação do nitrofeno**

Este processo é mediado na natureza apenas pela relação simbiótica mútua de algumas bactérias fixadoras de N com as raízes das leguminosas. A bactéria comum do solo, Rhizobium, invade a raiz e multiplica-se nas células do córtex. Durante o desenvolvimento da bactéria, a planta fornece todos os nutrientes essenciais e energia para a bactéria (Fenchel 2011; Suzaki etal., 2015). Após algumas semanas de infeção, são visíveis pequenos nódulos, dependendo das espécies de leguminosas e das condições de germinação. Hayat etal. (2008) observaram menos de 100 nódulos por planta em feijão e várias centenas de nódulos por planta em soja e podem ter 1000 ou mais nódulos numa planta de amendoim bem desenvolvida. Os nódulos do amendoim são brancos ou cinzentos e não são capazes de fixar o N atmosférico. Com o progresso do período de crescimento, os nódulos tornam-se cor-de-rosa ou avermelhados, indicando que a fixação de N começou. A cor rosa ou vermelha é causada pela leghemoglobina, que contém ferro e molibdénio, que controla o fluxo de oxigénio para as bactérias. O P é um dos ingredientes importantes para o Rhizobium converter o N atmosférico em amónio (NH4), que pode ser utilizado pelas plantas. O P influencia o desenvolvimento dos nódulos através das suas funções básicas nas plantas como fonte de energia, quando 16 moléculas de ATP são convertidas em ADP à medida que cada molécula de N é reduzida a NH3 (Berg, 2009). A translocação do fotossintetizante das folhas para a raiz e o movimento do composto contendo N dos nódulos para outra parte da planta são vitais para um sistema simbiótico eficiente (Zahran 1999; Meena et al., 2017). O número de investigadores em todo o mundo relatou um aumento da fixação de N em leguminosas, adicionando fosfato ao solo deficiente em P (Ahlawat e Ali 1993; Bekere e Hailemariam 2012).

# CAPÍTULO III
# MATERIAL E MÉTODOS

Localização experimental

A experiência foi realizada na Screen House do Centre for Dryland Agriculture (CDA) na Faculdade de Agricultura da Universidade Bayero, em Kano, coordenadas GPS (N110 35.8" E008025'30.3'). Kano está situada na Savana do Sudão. A área apresenta um clima tropical de savana. A temperatura média anual varia entre 210°C e 390°C e a precipitação anual é de 500 a 1000 mm (Knarda 2001). A maior parte da precipitação anual cai de junho a setembro. Kano é tipicamente muito quente durante todo o ano, embora de setembro a fevereiro a cidade seja visivelmente mais fresca. As temperaturas nocturnas são frescas durante os meses de dezembro, janeiro e fevereiro, com temperaturas médias baixas de 110 a 150C (520 a 590F).

## Tratamentos e conceção experimental

Os tratamentos consistiram em quatro doses do oligoelemento (molibdénio 2,5, 5, 7,5,10 e um controlo) num esquema completamente aleatório.

## Materiais experimentais

Os materiais experimentais incluíam sementes de Centrosemapubescenso obtidas do National Animal Production

Research Institute (NAPRI), fertilizante de fósforo e molibdénio (micronutriente), baldes de plástico com as dimensões de 26,3 cm de comprimento, 26 cm de largura superior e 20,4 de largura da base, régua métrica, fitas métricas, T-squire e envelopes, etc.

## Procedimento experimental

As sementes obtidas do (NAPRI) foram tratadas com água quente a 800c durante 3 minutos, e posteriormente submetidas a um ensaio de germinação em placas de Petri forradas com papel de filtro no laboratório, a percentagem média de germinação obtida foi de 75%. Foi preparada uma mistura de solo na forma de 3:1 de solo e areia, respetivamente. Dez quilogramas da mistura de solo foram colocados em baldes de plástico. O solo nos baldes foi regado 3 dias antes da sementeira, os fertilizantes de fósforo e molibdénio foram aplicados na sementeira à taxa de 50 kgP /ha e as taxas designadas de molibdénio (0, 2,5, 5,0, 7,5 e 10kg/ha). Na sementeira das sementes, foram semeadas 10 sementes em cada balde, tendo as plântulas sido posteriormente reduzidas a 5 por balde. As plantas foram cultivadas sob irrigação durante o período de crescimento (7 semanas).

## Colheita

A colheita foi efectuada às 7 semanas após a sementeira. Durante a colheita, foram medidos os seguintes parâmetros.
medindo a partir da base da planta, ao nível do solo, até à ponta do rebento, utilizando uma régua métrica.

medindo a largura e a largura da folha e multiplicando por um fator de 0,75.

obtendo-se o peso fresco após o corte a 5 cm de altura do restolho e posteriormente seco em estufa a 650c durante 72 horas.

medido através da divisão do peso da folha pelo peso do caule.

lavando cuidadosamente a raiz para a libertar do solo com água corrente da torneira, após o que foi contado o número de nódulos por planta.

**Análise de dados**

Os dados foram analisados por ANOVA (análise de variância) usando o SAS 9.2 versão 2009, enquanto as diferenças entre as médias serão separadas por L.S.D ao nível de 5% de significância.

# CAPÍTULO IV
# RESULTADOS

## Rendimento de matéria seca de centrosemapubescens em diferentes taxas de aplicação de fertilizante de molibdénio

Os valores do rendimento em matéria seca de Centrosema pubescens são apresentados no quadro 1 O tratamento de Centrosema pubescens com molibdénio não influenciou significativamente o rendimento em matéria seca. O controlo (0 molibdénio) teve o maior rendimento de matéria seca (14,5 t/ha) em comparação com outras taxas em termos absolutos. Observou-se que o rendimento de matéria seca diminuiu com o aumento da taxa de molibdénio. O controlo (0% Mo) resultou num rendimento de matéria seca significativamente maior (P <0,05) (14,5 ton/ha do que 7,5 e 10%. No entanto, o controlo foi estatisticamente semelhante a 2,5 e 5% kg/ha.

Quadro 1: rendimento em matéria seca de C. pubescens com diferentes taxas de aplicação de fertilizante à base de molibdénio.

| TREATMENT (Kg/ha) | DRYMATTER YIELD (Tons/ha) |
|---|---|
| 0 | $14.5^{a}$ |
| 2.5 | $13^{ab}$ |
| 5 | $11.5^{ab}$ |
| 7.5 | $10^{b}$ |
| 10 | $9.5^{b}$ |
| P value | 0.0931 |

## Caraterísticas morfológicas de centrosema pubescensat diferentes taxas de aplicação de fertilizante de molibdénio

As caraterísticas morfológicas do centrossema são apresentadas no quadro 2.

Não foram observadas diferenças significativas entre os vários níveis de aplicação de Mo. Observou-se que a área foliar foi semelhante entre os diferentes níveis de Mo. No entanto, observou-se que a relação folha/caule aumentou com o aumento do nível de Mo para 5-10%. Observou-se que o número de nódulos aumentou com o aumento do nível de Mo, embora com uma ligeira queda a 5%. Nenhuma tendência regular foi observada no caso da altura da planta.

Quadro 2: Caraterísticas morfológicas de Centrosema pubescens em diferentes taxas de aplicação de fertilizante de molibdénio.

| Treatment | Leaf area | Leaf/stem ratio | No. Nodules | Plant height |
|---|---|---|---|---|
| 0 | 4.795 | 1.1425 | 14.500 | 76.750 |
| 2.5 | 4.830 | 1.0475 | 22.000 | 84.750 |
| 5 | 4.903 | 1.2500 | 16.500 | 78.500 |
| 7.5 | 4.790 | 1.2150 | 22.250 | 84.500 |
| 10 | 4.778 | 1.4150 | 25.000 | 73.500 |
| P value | 0.999 | 0.3338 | 0.028 | 0.398 |

# CAPÍTULO V
# DISCUSSÃO

A investigação demonstrou que a aplicação de molibdénio não influenciou o rendimento em matéria seca de Centrosemapubescens, tendo o aumento do nível de aplicação resultado numa diminuição da matéria seca. No entanto, muitos investigadores em diferentes locais observaram um aumento do rendimento de matéria seca com a aplicação de molibdénio noutras espécies de leguminosas. A razão pode ser que o centrosema tem preferência pelo tipo de rizóbio a associar para fixar o azoto no solo e, por extensão, melhorar a produtividade. De igual modo, as caraterísticas morfológicas também não mostraram qualquer diferença observável entre os parâmetros medidos por outros investigadores (Biswas et al., 2017, krishnappa et al., 1992 e Noor et al., 1997), que registaram um aumento da área foliar, da relação folha/caule e do número de nódulos, respetivamente. Isto pode dever-se ao facto de as espécies de leguminosas que utilizaram terem encontrado o rizóbio certo para se associarem.

# CAPÍTULO VI
# RESUMO DAS CONCLUSÕES E RECOMENDAÇÕES

## Resumo

A experiência foi conduzida na casa de controlo do Centro de Agricultura de Terras Secas da Faculdade de Agricultura da Universidade Bayero de Kano. O desenho experimental foi um desenho completamente aleatório, com níveis variáveis de molibdénio (0, 2,5, 5,0, 7,5 e 10%). As sementes de Centrosema pubescens obtidas do National Animal Production Research Institute (NAPRI) foram semeadas em baldes de plástico contendo uma mistura de solo/areia na proporção de 3:1. Os baldes tinham as dimensões de (26,5cm de comprimento, 2,6cm de largura e 20,4cm de respiração). Foram aplicados adubos macro (fósforo) e traço (molibdénio) à taxa de 50 kg/ha e às taxas designadas, respetivamente. Os resultados da experiência indicaram que o valor da produção de matéria seca do controlo (14,5 t/ha) foi significativamente maior ($p<0,05$) do que o dos outros tratamentos. Os valores diminuíram com o aumento da taxa de aplicação de molibdénio. Parece que a aplicação de molibdénio não melhorou o rendimento em matéria seca de Centrosema pubescens.

Talvez Centrocemapubescens precise da estirpe certa de rizóbio para nodular eficazmente e fixar azoto no solo e, por extensão, melhorar a produtividade. As caraterísticas morfológicas, como a área foliar, a relação folha/caule, o número de nódulos e a altura da planta não mostraram qualquer tendência definida e não foram significativamente diferentes, independentemente dos níveis de molibdénio. Talvez devido ao nível de rizóbios compatíveis que facilitarão o processo de fixação de azoto. Recomenda-se que outros estudos devem expor a possibilidade de obter rizóbios adequados para Centrosema pubescens.

## Conclusão

Com base neste resultado, pode concluir-se que o molibdénio não influenciou significativamente o rendimento em matéria seca e as caraterísticas morfológicas do centrosema.
No entanto, o número de nódulos mostrou uma tendência de aumento com a aplicação de molibdénio, mas a diferença não foi significativa.

## Recomendações

Foi recomendado que outros estudos explorem a possibilidade de utilizar rizóbios adequados para Centrosemapubescens.

# REFERÊNCIAS

AATF "Fundação Africana de Tecnologia Agrícola" (2006). Empowering Africa Farmers to Eradicate Strigafrom Maize Croplands. Nairobi: Fundação Africana de Tecnologia Agrícola. pp. 17.

Adele, H., K. Olson. (2020). Requisitos de nutrientes de vacas de corte. SDSU extension beef, South Dakota State University, capítulo 14, pp.1.

Agishi, E.C. (1983). Leguminosas forrageiras e desenvolvimento de pastagens na Nigéria. In: Nigéria-Austrália: Investigação Agrícola Colaborativa. Actas da ACIAR, Série No. 4. pp. 79-87.

Alam, F.; Kim, T.Y.; Kim, S.Y.; Alam, S.S.; Pramanik, P.; Kim, P.J.; Lee, Y.B.(2015).Effect of molybdenum on nodulation, plant yield and nitrogen uptake in hairy vetch (Viciavillosa Roth). SoilSciencePlantNutrition. 61: 664-675. doi: 10.1080/00380768.2015.1030690.

Alves, J.M., E.C. Guimaraes, J.S. Alves e J.J. Neto, (2002). Aplicação de molibdênio em folhas de feijão-caupi (Vignaunguiculata(L.)Walp). Revista Universidade Rural. Série Ciências da Vida. 22: Suplemento. 193-197.

Alves B. R. J, Boddey R. M, Urquiaga S (2003). O sucesso da FBN na soja no Brasil. PlantSoil252:1-9.

Andrew, C. S. e Robins, M. F. (1969a). The effect of phosphorus on the growth and chemical composition of some tropical pasture legume, 1. Crescimento e percentagens críticas de fósforo. Australian Journal of AgriculturalResearch20: 665.

Andrew, C. S. e Robins, M. F. (1969b). The effect of potassium on the growth and chemical composition of some tropical pasture legume, 1. Crescimento e percentagens críticas de potássio. AustralianJournalofAgricultural Research20: 999.

Bakrie, B., Hogan, J., Liang, J.B., Tareque, A.M.M. e Upadhyay, R.c. (1996). Ruminant nutrition and production in the tropics and subtropics (Nutrição e produção de ruminantes nos trópicos e subtrópicos). ACIAR Monograph No. 36, vi +151 pp.5

Bentham, G. (1837). Centrosema DC. In: Commentationes de leguminosarum generibus. J. P. Sollinger, Viena, Áustria. pp.53-56. Adaptado de CentrosemaBiology, agronomy and Utilization.

Bhagiya, S.R., K.B. Polara e J.V. Polara, (2005). Efeito de B e Mo no rendimento, qualidade e absorção de nutrientes pelo amendoim. AdvancesinPlantSciences, 18(2): 803-806.

Bhattacharya, B., A. Chakraborty, S. Bandyopadhyay e D. Samanta, (1997). Efeito de S, Zn e Mo no amendoim (ArachishypogaeaL.) cultivado com irrigação de água salina em solo salino costeiro de Bengala Ocidental. Indian Agriculturist,41(2): 145-153.

Bhuiyan, M. M. H., M. M. Rahman, F. Afroze, G.N.C. Sutradhar e M. S. I. Bhutyan, (2008). Efeito da inoculação de fósforo, molibdénio e rizóbio no crescimento e nodulação do feijão-mungo. JournalofSoiland Nature. 2 (2): 25-30.

Britannicaencyclopaedia.com/pasture recuperado em 02 de novembro de 2022 Broughton, W. J., Ikram, A. e Padmanabhan, S. 1975. Rhizobia in tropical leguminosas, 2: Eficácia de diferentes isolados em Centrosema pubescens Benth. MalaysiaAgriculturalResearch.4(3):181-191.

Bruce,R.C. (1965).Effect of CentrosemapubescensBenth.On soil

fertility in the humid tropics. QueenslandJournalofAgricultureandAnimalscience.22:221-226.
Burt, R. L., Rotar, P. P., Walker, J. L. e Silvey M. W. (1983). The Role of Centrosema, Desmodium, and Stylosanthes in improving tropical pastures. WestviewTropicalAgriculture,series, 6: 40.
Chantkam, S., Edwards, D. G. e Asher, C. J. (1983). Response of selected tropical pasture legumes grown in flowing nutrient culture to constant solution phosphorus concentration, I: Crescimento e concentração de fósforo. ThailandJournalofAgriculturalScience.16(3):217-231.
CIAT "Centro Internacional de Agricultura Tropical" (1982). Relatório anual do Programa de Pastagens Tropicais de 1981. Série CIAT 02 ETP (1)82. Cali, Colômbia. pp. 304.
CIAT "Centro Internacional de Agricultura Tropical". (1985). Relatório anual 1984: Pastagens Tropicais. Documento de trabalho nº 6, 1985. Cali, Colômbia.pp. 269.
CIAT "Centro Internacional de Agricultura Tropical". (1986). Relatório anual 1985: Pastagens Tropicais. Documento de trabalho nº 17, 1986. Cali, Colômbia.pp. 398.
Crush, J. R. (1974). Respostas do crescimento da planta à micorriza vesicular-arbuscular.7. Crescimento e nodulação de algumas leguminosas herbáceas. NewPhytologist73: 743.
Deb, R., P. Poddar e S. Banerjee, (2006). Efeito de vários modos de aplicação de molibdénio no rendimento da nodulação e na economia da cultura do amendoim na região terai de Bengala Ocidental. Environment andEcology.24S: Especial 4, 1081-1084. 4.
De Oliveira, F. T. T., Saraiva, O. F., de Carvalho, M. M. e Verneque, R. Da S. (1985). Efeito da calagem, potassio, enxofre e

micronutrientes sobre o crescimento de Centrosema pubescens em solo acido. Pesqui. Agropecu.Bras.20(7):755-759.

De-Polli, H., de Carvalho, S. R., Lemos, P. F., e Franco, A. A. (1979). Efeito de micronutrientes no estabelecimento e persistencia de leguminosas em pastagens de morro em solo Podzolico Vermelho-Amarelo. Rev. Bras. Cienc. Solo 3(3):154-157. (Também resumo em inglês em: Dobereiner, J., Burris,
R. H., Hollaender, A., Franco, A. A., Neyra, C. A., e Scott, D. B. (eds.). 1978. Limitations and potentials for biological nitrogen fixation in the tropics. Plenum Press, Nova Iorque, NY, EUA. pp. 339-340.

Falade, J. A. (1973). Efeito do fósforo no crescimento e na composição mineral de quatro leguminosas forrageiras tropicais. Journal of Science and Agriculture.24(7):795-802.

Fenster, W. E. e Leon, L. A. (1979). Gestão da fertilização com fósforo no estabelecimento e manutenção de pastagens melhoradas em solos ácidos e inférteis da América tropical. In: Sanchez, P. A. e Tergas, L. E. (eds.). Proceedings of the Seminar on pasture production in acid soils of the tropics held at CIAT, Cali, Colombia, 17-21 April 1978. Série 03 EG-5. Centro Internacional de Agricultura Tropical (CIAT), Cali, Colômbia. pp. 109-122.

Fitzpatrick EA e Nix, HA (1970). In: Moore, RM., cd. Australian Grasslands.
Camberra, Australian National University Press; 3-26.

Organização para a Alimentação e a Agricultura (2008). Efficiency of Soil and Fertilizer Phosphorus (Eficiência do Fósforo do Solo e do Fertilizante). Conciliar a mudança de conceitos do comportamento do fósforo no solo com a informação agronómica. Boletim de Utilização de Fertilizantes e Nutrição de Plantas 18. Roma, Itália.

Hafner, H., B.J. Ndunguru, A. Bationo e H. Marschner, (1992). Efeito da aplicação de azoto, fósforo e molibdénio no crescimento e na fixação simbiótica de N2 do amendoim num solo arenoso ácido no Níger. Fertilizer Research, 31(1): 69-77.

Harrell, C. R. e Newhouse, P. W. (1965). Rendimentos de pastagens semeadas no Uganda, influenciados por leguminosas e por fertilizantes. In: Actas do IX Congresso Internacional de Pastagens realizado em São Paulo, Brasil, 2 vols.

Hayyawi, N. J. H., Al-issawi, M. H., Alrajhi, A. A., Alshmgani, H. e Rihan, H, (2020). O molibdênio induz os mecanismos de crescimento, rendimento e sistema de defesa do feijão mungo (Vigna radiate L.) sob condições de estresse hídrico. InternationalJournalofAgronomy.

Hristozkova, M., M. Geneva e I. Stancheva, (2006). Response of Pea Plants (PisumsativumL.) to Reduced Supply with Molybdenum and Copper. InternationalJournalofAgricultureandBiology,8(2): 218-220.

IMOA "Inernational Molybdenum Association" (2014). Molibdénio na agricultura: micronutrientes vegetais.

Ingle, J. (1966). The regulation of the activity of the enzymes involved in the assimilation of nitrate by higher plants Biochemistry Journal, 100, 577-588.

Javier, G. Q. e Marasigan, N. M. (1976). Sobre-semeadura de leguminosas em pastagens de Imperata. Filipinas. JournalofCropScience.1(2):81-86.

JingLi, Y., Z. XiaoPing, L. DengYu, C. Qiang e W. KeMei, (2006).Estudo dos efeitos da inoculação de Mo e Bradyrhizobium em solo roxo ácido pelo marcador genético celB. PlantNutritionandFertilizerScience,12 (2): 250-253.

Johansen, C., A.M. Musa, J.V.D.K.K. Rao, D. Harris, M.Y. Ali,

A.K.M. Shahidullah e J.G. Lauren, (2007).Correção da deficiência de molibdénio do grão-de-bico no Alto Barind Tract do Bangladesh. Journal of Plant NutritionandSoilScience, 170: 752-761.
Jones, M. B. e de Freitas, L. M. (1970). Respostas de quarto leguminosas tropicais a fosforo, potssio e calcario num Latossolo Vermlho-Amarelo de campo carredo Pesqui. Agropecu. Bras. 5:91-99.
Jones, R. M. e Clements, R. J. (1987). Persistência e produtividade de Centrosema virginianum e Vigna pakeri cv. Shaw sob pastoreio nas planícies costeiras do sudeste de Queensland. TropicalGrassland21(2):55- 64.
Kerridge, P. C. e Ratcliff, D. (1982). Crescimento comparativo de quatro leguminosas de pastagem tropical e capim guiné com diferentes fontes de fósforo. TropicalGrassland.16(1):33-40.
Khanal, N., K.D. Joshi, D. Harris e S.P. Chand, (2005). Effect of micronutrient loading, soil application, and foliar sprays of organic extracts on grain legumes and vegetable crops under marginal farmers' conditions in Nepal. Micronutrients in South and South East Asia: Proceedings of an International Workshop held in Kathmandu, Nepal, 8-11 September. 121- 132.
Krishnappa, M., C.N. Srinivasan, P.W. Basarkar e J.A. Sastry, (1992). Effects of iron, zinc and molybdenum on protein content of groundnut varieties (Efeitos do ferro, zinco e molibdénio no teor proteico das variedades de amendoim). JournalofMaharashtraAgriculturalUniversities, 17(2): 232-235.
Lamidi, A. A., Ologbose, F. I., Akhigbe, J., Evien, E.E., Ezeudu, C. E. e Obene,
C.I. (2017). Qualidade das sementes e percentagem de germinação de Stylosanthesguianensis (Cook Stylo) tratadas com diferentes

tratamentos de pré-sementeira na região do Delta do Níger, Nigéria. In: P. A. Dele, O. S. Onifade e J. A. Olanite (Eds). Grassland: Opportunities and Challenges for Livestock Production in Nigeria. Procedimentos da 2ª Conferência bienal realizada na Universidade Federal de Agricultura, Abeokuta, Estado de Ogun, Nigéria. Pp 53 - 55.

Leng, R. A. (1990). Factores que afectam a utilização de forragens de "má qualidade" por ruminantes, particularmente em condições tropicais. Nutrition Research Reviews3:277-303.

Lopez, M., Martinez, J. e Paretas, J. J. (1983). Nodulacion en leguminosas tropicales. Pastos Forrajes 6:185-194.

Maeno, Nobuyoshi. (1982). Productivity of grass-legume pasture and its Contribution to animal production in the tropics.pp 159.

Mannetje , L.'t e Jones, J. M. (1992). Forages. Plant resources of South East Asia, No.4. Fundação PROSEA, Bogor, Indonésia, pp. 300.

McIlroy, R. J. (1962). Melhoramento e utilização de pastagens na Nigéria. Outlook onAgriculture3: 175.

Monteiro, F. A., Werner, J. C., Fancelli, A. L., e dos Santos, N. A. (1983). Efeitos da aplicacao de quarto micronutrientes em centrosema cultivada em solos de Andradina e Sao Jose do Rio Preto. Zootecnia(SaoPaulo) 21(3):227-249.

Moody P. W. (1979). Previsão da necessidade de fósforo de Desmodium inortum cv. Greenleaf usando um índice de sorção de fósforo e fósforo extraível. Commun.SoilSci.PlantAnal.10(8):1127-1139.

Moody, P. W. e Standly, J. (1980). Concentrações de fósforo em solução sobrenadante requeridas por algumas espécies de pastagens tropicais. Commun.Soil Sci.PlantAnal.11(9):851-860.

Moore, A. W. (1962). A influência de uma leguminosa na fertilidade do solo sob uma pastagem tropical pastoreada. Empirical Journal of Experimental Agriculture. 30:239-249.

Mosse, B., Hayman, D.S., e Arnold, D.J. (1973). Respostas de crescimento de plantas à micorriza vescular-arbuscular. v. Captação de fosfato por três espécies de plantas de solo deficiente em P marcado com 32P. NewPhytologist72: 809- 815.

Mosse, B., Powell, C.L., e Hayman, D.S. (1976). Respostas de crescimento de plantas à micorriza vescular-arbustiva. IX. Interações entre micorriza VA, fosfato de rocha e fixação simbiótica de azoto. NewPhytologist76: 331- 342.

Muhr, L. (1998). Potencial das leguminosas forrageiras em terras de pousio para melhorar a produção de forragem e a fertilidade do solo em sistemas de agricultura e pecuária da África Ocidental sub-húmida. Tese de doutoramento. Universidade de Hohenheim, Hohenheim, Alemanha.

Muhr, L., Peters, M., Tarawali, S.A. e Schultze-Kraft, R. (1999). Leguminosas forrageiras para pousios melhorados em sistemas agro-pastoris da África Ocidental sub-húmida. III. Importação e exportação de nutrientes por leguminosas forrageiras e os seus efeitos de rotação no milho subsequente. Tropical Grasslands, 33, 245-256.

Nadia, gad. E Abd El-Moez, M. R. (2013). Influência do molibdénio na nudulação, fixação de azoto e rendimento do feijão-frade. Centro Nacional de Investigação do Departamento de Nutrição Vegetal, Dokki, Cairo, Egito. Journal of AppliedSciencesResearch,9(3): 1498-1504, 2013. ISSN 1819-544X.

Niranjana, H.G., S.S. Prakash, Basavegowda, N.A. Yelladhalli e H.T.

Chandranath, (2005). Effect of micronutrient seed treatment on growth and yield of groundnut (Efeito do tratamento de sementes com micronutrientes no crescimento e rendimento do amendoim). Seed Research, 33(2): 138-141.

Noor, S., M.A. Hannan e M.S. Islam, (1997). Efeito do molibdénio e do boro no crescimento e rendimento do amendoim. Indian Journal of Agricultural Research, 31(1): 51-58.

NRC. (2000). Nutrient requirements of beef cattle. 7ª ed. rev. Natl. Acad. Press, Washington, DC.

Omokanye, A.T. (2001). Nota de investigação: Rendimento forrageiro e composição química do centro (Centrosemapubescens) no ano de estabelecimento em Shika, Nigéria. In: TropicalGrasslands(2001) Volume 35, 53-57.

Paterson, J., R. Cochran, e T. Klopfenstein. (1996). Degradable and un- degradable protein responses of cattle consuming forage-based diets. In: M.B. Judkins e F.T. McCollum III (eds.) Proc. 3rd Grazing Livestock Nutrition Conference. Proc. West. Sec. Amer. Soc. Anim. Sci. 47(Suppl. 1):94-103.

Peoples MB, Hauggaard-Nielsen H, Huguenin-Elie O, Jensen ES, Justes E, Williams M (2019). As contribuições das leguminosas para reduzir o risco ambiental da produção agrícola. In: Lemaire G, Carvalho PCDF, Kronberg S, Recous S (eds) Agro ecosystem diversity: reconciling contemporary agriculture and environmental quality. Elsevier, Academic, Cambridge, pp 123-143. ISBN 978-01-2811-050-8.

Roy S, Liu W, Nandety RS, Crook AD, Mysore KS, Pislariu CI, Frugoli JA, Dickstein R, Udvardi MK (2019). Comemorando 20 anos de descobertas genéticas na nodulação de leguminosas e fixação simbiótica de nitrogênio. Plant Celhttps://doi.org/10.1105/tpc.19.00279.

Saif, S. ur R. (1986). Micorrizas vesiculares-arbustivas em espécies forrageiras tropicais influenciadas pela estação do ano, textura do solo, fertilizante, espécies hospedeiras e ecótipos. Angew. Bot. 60(1-2):125-139.

Sanginga, N. e Woomer, P. L. (eds.). (2009). Gestão Integrada da Fertilidade do Solo em África: Principles, Practices and Developmental Process. Instituto de Biologia e Fertilidade do Solo Tropical do Centro Internacional de Agricultura Tropical. Nairobi. 263pp.

Santillan, R. A. (1983). Resposta de uma associação tropical de leguminosas e gramíneas a sistemas de manejo de pastagem e níveis de fertilização com fósforo. Dissertação de doutoramento. Universidade da Flórida, Gainesville, FL, EUA. pp. 170.

Schultze-Kraft, R. e Keller-Grein, G. 1985. Teste de novos germoplasmas de Centrosema para solos ácidos. TropicalGrassland19(4):171-180.

Shorrocks, V. M (1964). Deficiências minerais em Havea e plantas de cobertura associadas. Journalof RubberResearchInstituteMalaysia.18:75.

Skerman, P. J. (1977). Tropical forage legumes. FAO Plant production and protection series no. 2. Organização das Nações Unidas para a Alimentação e a Agricultura (FAO), Roma, Itália. P 609.

Skerman, P.C., Cameron, D.G. & Riveros, F., (1988). Leguminosas forrageiras tropicais. 2 ed., FAO Plant Production and Protection Series No 2. FAO Plant Production and Protection Series No 2. FAO, Roma. pp. 692.

Smith, F. W. (1983). Disponibilidade de fosfato do solo para espécies de pastagens tropicais. In: Smith, J. A. e Hays, V. W. (eds.). Proceeding of the XIV International Grassland Congress held at Lexington, Kentucky, June 15-24, 1981. Westview Press, Boulder, CO, EUA. pp. 282-285.

Snyder, G. H., Kretschmer, A. E. Jr. e Sartain, J. B. (1978). Resposta de campo de quatro leguminosas tropicais à cal e ao superfosfato. Agron.J. 70(2):269- 273.

Souto, S. M e Franco, A. A. (1972). Sintomalogia de deficiência de macronutrientes em Centrosemapubescense Phaseolus atro purpureus. Pesqui. Agropecu. Bras. Ser. Zootec. 7:23-27.

Stobbs, T. H. (1996). Produção de carne de bovino em pastagens do Uganda contendo Stylosanthesgracilis e Centrosemapubescens. In: Actas do

IX Congresso Internacional de Pastagens realizado em São Paulo, Brasil, 2 vols. Departamento de Producao Animal da Secretaria da Agricultura do Estado de Sao Paulo, Sao Paulo, SP, Brrasil. Vol. 2, p. 939-942.

Stobbs, T. H. e Joblin, A. D. H. (1966). The use of liveweight-gain trials for Pasture evaluation in the tropics, II: Variable stocking rate designs. JournalofBritishGrasslandSociety.21:181-185.

Suzaki T, Yoro E, Kawaguchi M 2015. Leguminosas: inventores de nódulos radiculares para acomodar bactérias simbióticas. Revisão Internacional de Biologia Celular e Molecular. 316:111-158. DOI: 10.1016 / bs.ircmb.2015.01.004.

Teitzel, J. K., e Bruce, R. C. (1972). Fertilizantes de pastagem para os trópicos húmidos. QueenslandAgriculturalJournal.98: 13.

Teitzel, J. K, Standley, J., e Wilson, R. J. (1978). Estratégias de fertilização de manutenção para pastagens nos trópicos húmidos. Queensland Agriculture Journal. 104(2):126-130.

Teitzel, J. K. e burt, R. L. (1976). Centrosemapubescensin Australia. Tropical Grassland.10(1):5-14.

Tham, K. C. e Kerridge, P. C. (1982). Respostas à cal, K, Mo e Cu por pastagens de gramíneas-leguminosas em alguns Utisols e Oxisols da Malásia Peninsular. MARDI (Malays. Agric. Res. Dev. Inst.) Res. Bull. 10(3):350-369. Togay, Y., N. Togay e Y. Dogan, (2008). Investigação sobre o efeito das aplicações de fósforo e molibdénio no rendimento e nos parâmetros de rendimento do inlentil (Lensculinaris Medic.). Jornal Africano de Biotecnologia,7(9): 1256-1260.

Tripathy, S.K., A.K. Patra e R.C. Samui, (1999a). Effect of micronutrients on nodulation, growth, yield and nutrient uptake of summer groundnut (Arachishypogaea). Anais da Investigação Agrícola, 20(4): 439- 442. 5.

Tripathy, S.K., A.K. Patra e R.C. Samui, (1999b). Effect of micronutrients on nodulation, growth, yield and nutrient uptake of summer groundnut (Arachishypogaea). IndianJournalofPlantPhysiology,4(3): 207- 209.

Vargas, R. e C. Ramirez, (1989). Resposta da soja e do amendoim ao Rhizobium e à adubação com N, P e Mo em um Pellustert Típico de Canas, Guanacaste. Agronomia Costarricense, 13(2): 175-181. 23.

Vieira RF, Cardoso EJBN, Vieira C, Cassini STA (1998a). Aplicação foliar de molibdênio em feijão comum. I. Actividades da nitrogenase e da redutase num solo de elevada fertilidade. Journal Plant Nutrition, 21(1), 169-180. doi:10.1080/0190416 9809365391.

Vieira, R.F, C. Vieira, E.J.B.N. Cardoso e P.R. Mosquim, (1998b).

Aplicação foliar de molibdénio no feijoeiro comum. II. Actividades da nitrogenase e da redutase do nitrato num solo de baixa fertilidade. Journal of Plant Nutrition, 21(10): 2141-2151.

Wankhade, S.Z., W.M. Dabre, B.K. Lanjewar, P.Y. Sontakey e S.C. Takzure, (1992). Efeito da inoculação de sementes com cultura de Rhizobium e molibdénio no rendimento do amendoim (Arachishypogaea). IndianJournalof Agronomy,37(2): 384-385.

Watson, G. A. (1957). Fixação de nitrogénio por Centrosema pubescens. Journal of RubberResearchInstitute.Malaysia.15:168-174.

Werner, J. C. e de Mattos,H. B.(1972) Estudos de nutricao da centrosema,
CentrosemapubescensBenth. Bol.Ind.Anim.32(1):375-391.

Werner, J. C. e de Mattos,H. B.(1975). Ensaio de fertilização com quarto micronutrientes em, Centrosema pubescens Benth. Bol. Ind. Anim.32(1):123-135.

Whitney, A. S., Kanehiro, Y., e Sherman, G. D. (1967). Relações de azoto de três leguminosas forrageiras tropicais em povoamentos puros e em misturas de gramíneas. AgronomyJournal.59(1):47-50.

Wilaipon, B. (1981). Efeito da vedação e do cultivo no estabelecimento e crescimento de cinco leguminosas forrageiras em áreas de pastagem privadas e comunitárias no nordeste da Tailândia. In: Universidade de Khon Kaen, Faculdade de Agricultura. Pasture Improvement Project 1980 annual report. Khon Kaen, Tailândia. pp.34-37.

Wilson, A.S. e Lansbury, T. J. (1958). Centrosemapubescens: Cobertura do solo e cultura forrageira em floresta tropical limpa no Gana. Empire Journal of ExperimentalAgriculture26:351.

Voss, E.G., Burdet, H. M., Chaloner, W. G., Demoulin ,V., Hiepko,

P., McNeill, J., Miekle, R. D., Nicolson, D. H., Rollins, R, C., Silva, P. C., e Greuter,
W. (eds). (1983). Código internacional de nomenclatura botânica adotado pelo décimo terceiro Congresso Internacional de Botânica, Sydney, agosto de 1981. Bohn, Scheltema & Holkema, Utrecht, e Dr. W. Junk, Haia, Países Baixos. Pp. 472.

MIX
Papier aus verantwortungsvollen Quellen
Paper from responsible sources
FSC® C105338

Printed by Books on Demand GmbH, Norderstedt / Germany